SKETCH OF HAIRSTYLE DESIGN

发型设计素描
实用教程

陈永恒 编著

人民邮电出版社
北 京

图书在版编目（CIP）数据

发型设计素描实用教程 / 陈永恒　编著. -- 北京：
人民邮电出版社，2015.11
　ISBN 978-7-115-40321-6

　Ⅰ. ①发… Ⅱ. ①陈… Ⅲ. ①发型－设计－素描技法
－教材 Ⅳ. ①TS974.21②J214

　中国版本图书馆CIP数据核字(2015)第217008号

内 容 提 要

　　发型设计素描是发型设计的基础，它可以使设计师快速、有效地表达设计意图。本书从素描的基础知识开始讲起，从面部比例、五官刻画和不同性别的角度展示了人物绘画的方法，又从直发型、波浪式发型、卷曲发型、发际线与发尾等角度展示了发型的画法。本书还讲解了四个基本型结合的绘画技法，并通过大量实例讲解了短发、长发，以及晚装盘发、扎发的绘制方法，并附有烫染简易线描集锦和作品欣赏。

　　本书以通俗易懂的语言、详细的步骤和精美的图片向读者介绍了发型素描的基础知识和绘制方法，适合没有美术基础的发型设计师学习和使用。

◆ 编　　著　陈永恒
　　责任编辑　赵　迟
　　责任印制　程彦红

◆ 人民邮电出版社出版发行　　北京市丰台区成寿寺路 11 号
　　邮编　100164　　电子邮件　315@ptpress.com.cn
　　网址　https://www.ptpress.com.cn
　　涿州市般润文化传播有限公司印刷

◆ 开本：787×1092　1/16
　　印张：8.5　　　　　　　　　　2015 年 11 月第 1 版
　　字数：227 千字　　　　　　　2025 年 3 月河北第 32 次印刷

定价：49.00 元
读者服务热线：(010)81055410　印装质量热线：(010)81055316
反盗版热线：(010)81055315

发型素描属于结构素描，与纯艺术素描不同，发型素描中贯穿了设计与构成的理念，重点在于表现形态外部与发型内部结构的关系。发型素描在于对形、结构、技术、发质特征的综合训练，是通向设计的桥梁。

发型素描是发型设计的基础，它能培养发型设计师的造型能力、表现能力、审美能力和思维创作能力。发型素描是一门重要的专业基础课，它匹配专业课程体系，把技术与设计相结合。

发型设计师掌握了发型设计素描技能，便能更好地理解发型形态、纹理、构成，并培养一定的设计能力，从而通过形式美法则设计发型。发型设计素描是人物形象设计专业教师与学生进行发型设计切磋的手段，也是发型师与顾客沟通的桥梁。

当今大多数发型设计师的美学基础、技术表现能力和基本功均不足，往往只能通过发型书、杂志或口述来与顾客沟通；但若借助发型素描，利用几分钟的时间将顾客现有的造型、脸形画出来，并把将要设计的造型、搭配表达在纸上的话，不但清晰明确，还会令顾客更加信服你，从而提升发型师在消费者心目中的形象与专业地位。由于它创造了技术价值，展示了艺术生活，因此能够在平凡中脱颖而出。

发型素描还有一个作用，就是能达到宣传的效果。当你完成发型素描后，可以签上自己的名字送给顾客留念，这会在顾客身边的朋友中产生很大的宣传效应。你还可以用发型素描来布置店面，既能宣传又能作为造型设计的参考资料。

发型素描的工具价廉物美，携带方便，能表现任何效果的发型，且快速生动。在学习了单色素描后，还可以运用彩色笔自由表现染发设计。纸张能卷能折，易于携带，加上几支铅笔及暖色系色铅笔、色粉笔即可开始绘制，也可直接用白板笔画在白板上或镜子上。由于只是简易素描，不需细致描绘，故能在短时间内达到沟通效果。

本书的编写以"国际标榜教材体系"为引导，以由单一到综合、由简单到复杂的顺序讲解，可以使读者快速掌握素描基础及其运用。你的发型设计创作和艺术鉴赏将从这里起航。

陈永恒

2015 年夏

目录

CHAPTER

1

素描基础知识

素描是用单一的颜色来描绘对象的一种绘画方法，即"单色绘画"。

1.1 素描与发型设计的关系

1.1.1 素描是发型设计的基础

发型设计是一门造型艺术，其目的是塑造和美化人物形象。发型设计以个体为对象，要根据每一个人的需求和具体条件"量体裁衣"，创造出可视的艺术形象。发型设计具有实用性和审美性。

发型设计是由意象到具象的一个造型过程，是一个不断深化、逐渐完善发式造型的创作过程。而素描是一切造型艺术的基础。素描基本功越扎实，发型设计的表现能力就越强，创作水平也更容易得到提高。

在这里，我们讲的素描不是纯艺术素描，而是设计素描。发型设计素描不仅需要表现发型的直观外形、纹理，而且还需要表现出它的内在结构，即结构的元素及其相互之间的关系。学好发型设计素描，可以使学生从造型、结构、工艺、技术、发质特征、力的走势等方面去认识、分析对象，有助于他们创造新形态，并为培养想象力打下基础。

1.1.2 素描是体现发型设计构思的手段

　　发型设计构思是对发型样式的一种创造性思考、设想和确立，发型设计素描则是以绘画的形式把设想的样式具体化，并形象地表现在画面上，使之成为表达设计构思的设计图（也称效果图）。同时，发型设计素描也是体现发型样式的造型依据。素描造型功力强，设计意图就能表现得更充分、更生动。一幅绘画性强的发型设计图不仅具有实用性，同时也具有一定的审美意义。

　　用素描的形式将发型构思具体化，发型的构成元素主要是点、线、面；造型则是通过不同的构成方式（如对称、均衡、对比、渐变、重复、交替等）来表现。

下图表现了"一发多变"的概念，即运用素描表现一款发型的不同设计。

1.1.3 素描对发型设计的作用

在发型设计中，无论是对素描基本功的掌握，对素描造型基础知识的理解，还是对素描造型语言的运用，都直接或间接地与设计创作有关。

掌握素描基本功对于培养形象思维能力、提高发型设计水平和艺术鉴赏能力都有极为重要的意义。

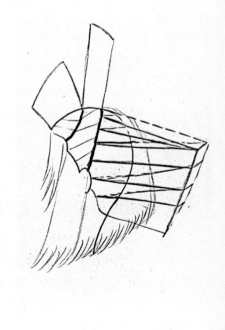

1.2 发型素描的表现形式

在素描绘画中，一般都是用线条来表现的。用线的手法多种多样，归纳起来有两种：一种是单线描绘物体（结构素描），如中国的白描、西方的速写；另一种是用线涂色，如用直线（竖线、横线）、斜线、曲线等。另外还可以用线与面结合的方法，本着"线即面、面即线"的原则来充分表现画面。所谓线就是极窄的面，而面就是展宽的线，所以线与面是不可分的。

发型素描的表现形式一般分为三种类型，即线画法、明暗画法和线面结合画法。

1.2.1 线画法

线画法即用单纯的线条简单扼要地把对象描绘出来，它是中国绘画的一种表现形式和基本训练方法。线条在表现形体、结构、体面转折、立体感、空间感等方面具有很强的艺术表现力和重要的审美价值。在练习时，要着重理解线条涂色的方法，具体画法是用拇指、食指捏住笔杆，用其余的手指勾住笔杆，并配合掌心按一定方向画直线。画线时速度要快，落笔要轻，运笔时手腕要用力。线条的两端应柔和无硬口，中间实，两头虚，黑白调子的过渡要自然和谐。

在整个发型表现中，应注意线条的准确性。准确的线条能够确定一款发型的结构、外围轮廓及纹理，能够表现出一款发型的走向和动态；要干净简单地体现出线条的流畅度、虚实感与层次感。另外，线条的形态是千变万化的。

用线只是一种手段，不是目的。如何用线，用什么线，都是为画面服务，只要能画好，手段并不重要。因此，究竟该用什么线，完全由自己决定。一般发型效果图都是采用线画法。

1.2.2 明暗画法

明暗画法即用丰富的线条等表现光照下的物体的结构、质感、空间等，这也是素描训练中明暗、色调的基本造型手法。这种画法可以塑造体积感和真实感。一幅素描只能有一个整体基调，在画面的局部也同样具有各种黑白层次，这就是说局部要服从整体效果。在处理每幅素描时，都要给画面设立一个基调，包括明亮调、暗调、中间调等。明暗画法主要是通过对整体画面的黑白分布比例来表现整体效果。

明亮调：暗（黑）色少，亮（白）色多，画面清晰。暗调：暗（黑）色多，亮（白）色少，画面深沉。中间调：黑白色的分布不偏重任何一方。

1.2.3 线面结合画法

线面结合画法就是把线画法和明暗画法结合起来。这种画法既有线画法的优美，也有明暗画法的深度，既简明扼要，又深厚丰富，能够塑造艺术性的发型。

1.3 发型素描的基本要素

下面提到的发型素描的基本要素，仅适合在素描的初级阶段应用。

1.3.1 观察

一、观察的概念和重要性

观察是有目的、有计划的，也是比较持久的。它运用的感官以视觉为主，并且融其他感觉于一体。观察中包含积极的思维活动，因此，人们也把它称为思维的知觉。我们所说的观察主要指绘画中对事物的观察，其实质是对自然物的空间构造、形体、透视、明暗等造型现象的一种特殊的认知方式。

观察是我们认识世界、获取知识的一个重要途径。观察力即观察能力，是指能够迅速、准确地看出对象那些典型但未必很显著的特征和重要细节的能力。观察是我们在学画之初就要学习的，并且会一直贯穿到整个作画生涯之中。一切绘画都离不开观察。只有掌握正确的观察方法，才能提高我们的观察能力。简单地说，画画之前要先观察，学画就要先学观察。

二、观察的方法

常用的观察方法包括整体观察法、联系比较法、归纳概括取舍法、立体结构空间观察法、形状观察法、聚焦法、视觉触摸法等。这些方法相辅相成，有着各自的作用，但都以整体观察法为核心。

整体观察的方法是素描艺术必须遵循的基本法则，它贯穿素描实践的全过程。

整体观察是相对局部而言的观察，局部是整体的一部分。整体观察要求从事物的大处着眼，抓大印象、大感觉、大比例、大关系、大框架。在绘画前，观察对象要从大处着眼，整体观察；表现时也应该从大处着手，即先画大轮廓，然后逐步深入到局部。画每一个局部细节时，都要做到心中有整体。观察局部、刻画局部是为了丰富整体，其顺序应该为整体—局部—整体。即使以局部推进式作画，也不意味着要采用局部的观察方式，每一个局部的表现，仍需以整体观察来调度。

要用立体的、整体的方法观察物体，因为物体都存在于一定的三维空间里，即所有的物体都有长、宽、高。纯粹平面的物体是不存在的。所以看一个物体时，要注意能看到的各个面，把多个面组合在一起便会形成一个立体物体。而把多个物体组合在一起，又会形成一个新的整体形状。

在发型绘画过程中，必须使每个小物体从属于整体，从而达到小中见大、大中见小的目的。只有用"以整体为主、局部为辅"的方法来观察物体，才能画出既有细致的局部又有完整的整体效果的好作品。

1.3.2 立意

面对一个形象，只要有所想、有所感，都可使其成为立意的契机。

画面中的模特可以是个极为普通的人物，若加入面部神情、服饰和姿态，便可塑造出一个有视觉审美力的新形象。

发型设计素描需围绕一个自定义的主题进行：视角的选择、布局形式的确定、形象神态的刻画、光影明暗效果的运用、空间效果的构成等，不能有一个方面与所要表现的主题相悖。这种立意方式不一定具有客观基础，但决定于作者的第一印象和主观的感受。

每张设计图都要有风格、有创新。在动手画之前要做到胸有成竹，先立意，然后作画，一张画面的整体构思和内涵才会明确。

1.3.3 透视

一、透视的原理

透视是一种描绘视觉空间的科学。人的双眼是以不同的角度来观察一件东西的，所以东西越往后越会有紧缩的感觉，最终交会在无限远处的点。透视的要诀在于确定消失点。越近的东西，两眼看它的角度越大；越远的东西，两眼看它的角度越小；很远的东西，两眼看它的角度几乎一样。因此，放得离你近的东西，紧缩感常较强烈。而发型素描效果图的表现也正是运用透视在平面上令对象立体仿真化，让视觉感受更强烈。

二、透视的方法

透视，简单地说就是把眼睛所见的物体投影在一个平面上，然后在此平面上描绘。在透视投影中，观者的眼睛被称为视点，而延伸至远方的平行线会交于一点，即消失点（如向远处延伸的铁轨看起来最终会交于一点）。透视有以下几个特点。

（1）近大远小：凡大小相同的物体，距离越近看起来越大，反之越小。

（2）垂直大，平行小：同大的平面或等长的直线，若与视平线的角度接近垂直，则看起来较大；若与视平线的角度接近平行，则看起来较小。

（3）近实远虚：近者清晰，远者模糊。

三、透视的类型

常见的透视有一点透视（又称为平行透视）及两点透视（又称为成角透视）。发型素描中便会用到这两种透视。

（1）一点透视即有一面与画面平行的透视，有一个消失点。这种透视有整齐、平展、稳定、庄严的感觉。

（2）两点透视即一张图中有两个消失点的透视，通常用来同时表现物体的正面与侧面。竖线与水平线垂直相交，但横线与水平线并不平行。以正六面体为例（因人的头部的外形结构也可视为一个六面体），正六面体三组边线的透视方向是：有四条边线与水平线垂直，有四条边线消失于左侧的消失点，有四条边线消失于右侧的消失点。

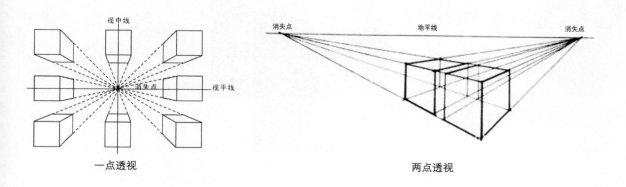

一点透视　　　　　　　　　　　　　　　　　　两点透视

1.3.4 构图

　　构图会直接影响画面的气氛和立意，同时也会表现出一个人的审美情趣、喜好风格等。左侧画面的构图气氛适中、融洽；右侧画面的构图气氛矛盾，时而急促，时而舒缓。

1.3.5 光线

　　任何物体的立体感、形状和颜色都是通过光线呈现出来的。没有光，我们就看不见物体的轮廓，也看不出其立体感。必须学会分析光线是如何把物体表现出来的。

1.3.6 空间感（深度感）

　　我们所画的物体自身都占有一定的空间，物体与物体之间、物体与背景之间又都存在一定的距离，从而在画面中形成深度。在绘画中，正确地描绘和表现这一距离和深度是非常重要的。

1.3.7 虚实层次

　　虚实层次在绘画中十分重要，它会影响画面的空间效果。只有将虚实层次处理得当，才能使画面重点突出且富有立体感。

1.3.8 黑白层次

　　进一步分析出更多的黑白层次是提高绘画水平最快捷的方法，它标志着一个人的素描能力及表现能力。通常来说，层次越多画面就越丰富。

CHAPTER 2

人物绘画

对于美发专业人员来说，其人物绘画与专业美术的绘画并不完全一样，应将人物绘画视为美发效果表现图。

作为效果图，它的作用在于向别人展示一种发型，所以必须体现出清晰、醒目、明确而美观的效果，让行家可以评判，让外行人可以欣赏。画面需严格、干净、准确、细腻。

绘制一张效果图，可以分为两大步骤：一是对面部的描绘，二是对头发的描绘。

2.1 面部的刻画

面部五官的定位包括正面脸部与侧面脸部的五官定位。正面脸部运用三庭五眼法来定位。

2.1.1 画出三庭

三庭指脸的长度比例，从前额发际线到下巴平均分为三份，从前额发际线到眉毛、从眉毛到鼻底、从鼻底到下巴为三庭。

2.1.2 画出五眼

五眼是指在眼睛的水平线上平均分为五等份，两眼之间的距离等于一只眼睛的长度，眼尾到太阳穴的位置也等于一只眼睛的长度。眼睛、鼻子、嘴巴以中心竖线为轴左右对称。

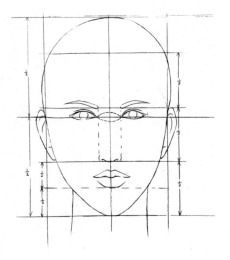

2.2 细致描绘五官

五官描绘要干净、细致，黑白对比要强，如眼睛、嘴巴等应体现出深色。眼睛的上眼线应黑而粗，眼珠与瞳孔要明确画出；鼻子的画法重点在于鼻尖的刻画，鼻尖下端着深灰色，以显示阴影效果，鼻梁两侧则以线为宜；画嘴时，上唇应比下唇略深，着色要均匀，掌握好深浅过渡；眉毛的画法是以由里向外的三分之二处作为眉的转折点，画出眉丝（按生长方向画）；耳朵由弧线组成，要画准结构。画五官要多考虑化妆效果，以便使五官更加传神。

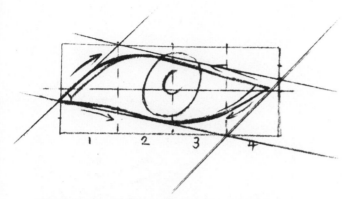

01 在一个长方形的框里，画出一个橄榄形，作为眼睛的形状，再画出眼珠。

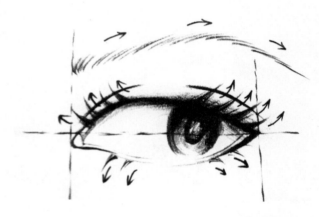

02 在第一步的基础上加深上眼线并描绘出眼珠的立体结构；睫毛自然向上（右边往右翘，左边往左翘），而并非直接向上；眉毛按自然生长的方向斜向上，并严格按照正确的眉形描绘。

03 加强各部位的深浅关系，使眼睛更加立体。

2.2.2 眼睛正侧面的基础画法

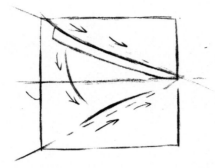

01 画好辅助线，在控制好的区域内画出眼睛的轮廓。上眼睑要比下眼睑凸出，而且眼球成斜向凸出，下眼线在眼睛内侧。

02 去掉辅助线，加深轮廓线并画出眉毛和上下睫毛，注意睫毛的生长方向及眉毛的透视关系。

03 加强整体层次及立体关系。

2.2.3 眉毛的画法

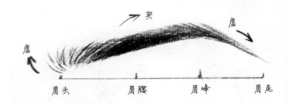

实

虚

虚

眉头　　　眉腰　　　眉峰　　　眉尾

01 按照眉毛生长的方向画出眉形。

02 描绘出眉毛的虚实关系，控制好眉峰、眉腰和眉尾的位置。

03 强调立体关系，去除辅助线，完成效果图。

2.2.4 各种眼睛的完整图

闭眼图

眼睛斜视图

眼睛仰视图

眼睛俯视图

眼睛正视图（绘制男士的眼睛时，要体现出眉毛的粗犷，眼睛部位的线条要硬朗，睫毛要疏、短）

2.2.5 鼻子的基础画法

一、正面画法

01 画出一条垂直线，将其五等分。

02 在第一条垂直线的右侧再画出一条与之等长的垂直线，作为鼻梁，并将五等分之后最下面的一段线段平均分成两份。

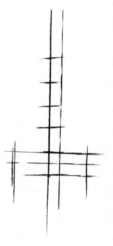

03 在左右两边等距的位置各画一条垂直线，作为鼻翼。

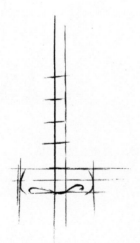

04 根据鼻翼的宽度，在左右各取 1/2，作为鼻孔。

05 去掉辅助线，保证两侧鼻翼的对称。画出明暗效果，以体现立体结构。

二、侧面画法

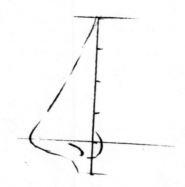

01 垂直画出一条线段，平均分成 5 段，并于底部 1/5 处画一条水平线，画出一个三角形。

02 画出鼻子的基本形，注意凹凸部位的结构和形状。

03 去掉辅助线，刻画出鼻子的轮廓及阴影关系。

三、斜侧面画法

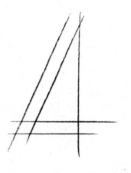

01 画出鼻子的基本架构。

02 勾出鼻翼及整体轮廓。

03 去掉辅助线，表现线条关系，画出明暗关系及阴影。

2.2.6 唇部的基础画法

一、正面嘴唇的画法

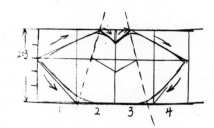

01 依照图示先画出一个矩形，水平分为4等份，再画出唇的基本形。绘制时注意左右对称，勾画唇线的方向；上嘴唇要薄于下嘴唇。

02 画出嘴唇的结构关系，并注意阴影和明暗，以准确表现立体感和光泽感。

二、斜侧面嘴唇的画法

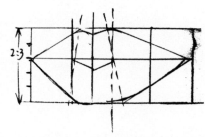

01 画出一个矩形，水平分为4等份，于第2等份处取中心线，画出嘴唇的轮廓线，上下唇的比例为2：3。

02 去掉辅助线，加深轮廓线，加强明暗关系。

三、侧面嘴唇的画法

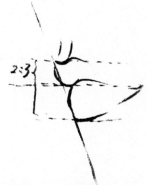

01 画出侧面嘴唇的轮廓线，上下唇比例为2：3。

02 画出嘴唇的结构及明暗调子。

四、图解唇部的其他绘制方法

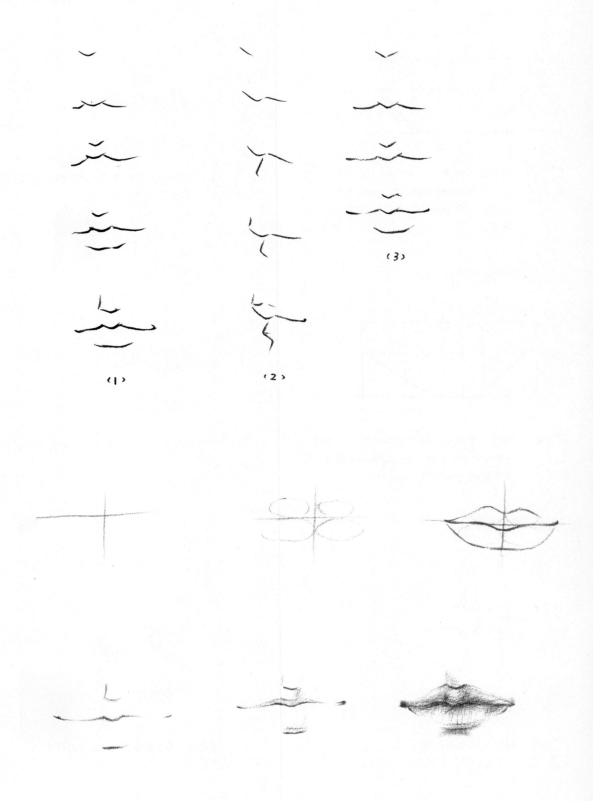

（1）　　　　　（2）　　　　　（3）

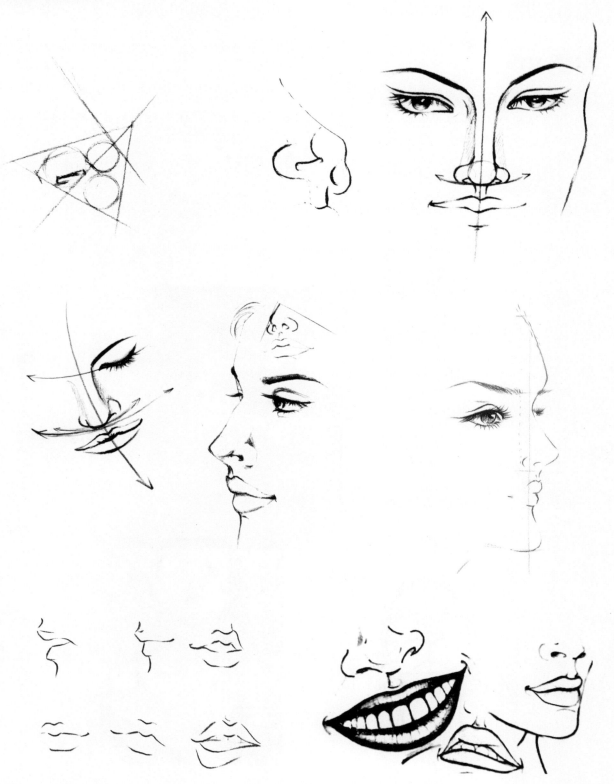

2.3 脸的画法

2.3.1 女性

一、正面正视

正面脸的轮廓要尽量画成鸭蛋形，下巴应画得稍尖细，同时要充分理解眼、鼻、口等所处的位置。做好眼神的处理，注意以脸的中心至左右对称。

二、正面仰视

同为正面，但随着视角的改变，眼、鼻、口的形状发生变化。

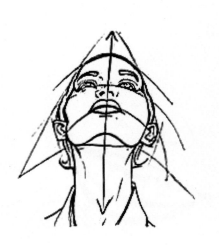

三、斜侧面正视

　　从脸部中心左右分开，两边面积不同，以 6 ：4 的比例表现斜侧面，可以看到最美的姿态；还有 7 ：3 和 8 ：2 等比例。各种斜侧面，尽管脸部的朝向不同，但始终都是以鼻子作为中轴线来表现。另外，注意斜侧面外部轮廓表现得最凸出的部分不是颧骨，而是眉骨。

四、斜侧面仰视

　　斜侧面仰视时，下巴稍显宽大，鼻梁变短。

五、斜侧面俯视

斜侧面俯视时，头上部的头发面积增大，脸部的下颚部分变得小巧。

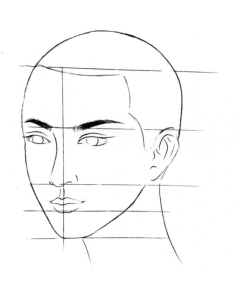

六、正侧面

正侧面的脸部轮廓加宽，眼、鼻、口均为半部分。

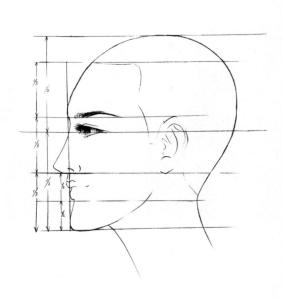

七、正侧面仰视

通过脸部轮廓及眼、鼻、口的形状，表现出自下而上观察的姿态；眼和口变小，鼻子变短，鼻孔变大。

八、正侧面俯视

正侧面俯视时，脸部、眼和口看起来较小；与脸部相比，头发所占的面积增大。

九、多角度范例

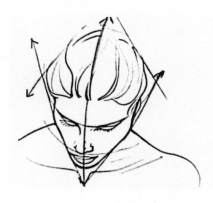 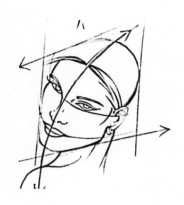 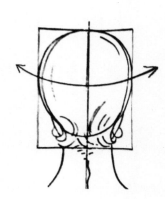

2.3.2 男性

一、正面

　　男性脸部的比例与女性没有太大的区别，不同之处主要是在描绘时注意脖子要粗一点，下颚要宽长一点，正面的脸部要画得对称，眉毛要画得粗一些，使其具有男性特点；两眼间约为一只眼睛的长度。

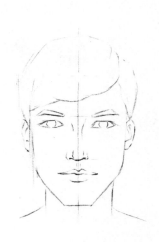

二、正侧面

　　比起正面，头发的面积更大。下颚不要凸出于前额，下唇不要凸出于上唇。

发型的画法

发型素描图由点、线、面、体四种不同的基本视觉元素构成，其中线元素是最基本的元素，因为发型主要是在发丝上加以变化。

3.1 直发型

　　直发型是用一根根直线表现头发的走向，不管是什么走向，亦不会有任何变化的线条。直线的造型过程，能够体现一种单纯性和高效率原则。垂直线有利于表达严肃、高贵、文静，斜直线则会形成有力的动势。

01　首先画脸部轮廓及发型外观形态。

02　然后画上眼、鼻、口，确定脸部比例。

03 画发型和动势，开始时一根一根地画头发的走势，当画好暗部时，用擦笔画出层次，充分表现头发的轻柔质感。

04 在画直发型时要尽量提高亮部。

其他直发型绘制图示

3.2 波浪式发型

　　绘制波浪式发型时，必须表现出头发的曲线美，以及由内向外各种不同的曲线，并且注意发尾、发际的轻松表现。曲线与直线相比具有迂回性和自由、活泼的特点。

　　波浪可分为具有强烈的动感和节奏感的大波，以及麦波稻浪般的微波。波浪式发型能够体现优雅、柔和的女性性格，会产生轻盈漂移的感觉。

01 首先画脸部轮廓及发型外观形态。

02 进一步描绘脸部五官，画上阴影，表现口红及鼻翼暗影。

03 画出直发的部分。

04 细致刻画发丝的动势，画头发动势时，开始要一根一根轻轻地画，不能太深，并要沿着梳理方向、造型方向排列曲线。而且毛发的尖端要表现得轻松自如。

05 要使发丝有立体感，就要强调线的强弱变化，可整体画明暗部分，最后加深最暗部。

其他波浪式发型绘制图示

3.3 卷曲发型

　　卷曲发型发丝细且变化起伏多。其中 O 形曲线有较强的向心力、注目性和运动感，给人以完美、高贵的感觉。S 形曲线则随着不同的方向旋绕，形成的发缕蜿蜒不断，具有流动感和间接、含蓄的特点，给人以秀丽、柔美、活泼、神秘的感觉，故而"蛇形线赋予美以最大的魅力"，最适合表现女性温柔妩媚的特点。C 形曲线具有直观、简要的特点，给人以华丽、柔软的感觉。不同类型的线能够表现不同类型的卷曲发束的纹理，故掌握好便能灵活绘制各种卷发造型。

01 按头发梳理方向画头部顶区的头发纹理（该发型主要展示背面，故直接绘制头发即可）。

02 按造型画发辫、玫瑰花卷与发丝。

03 刻画发丝的明暗部分。

04 刻画发丝及每缕长发的明暗部分。

05 完成背部的卷发，体现立体感。

3.4 发际线与发尾

一、发际线

发际线应柔和、细腻、干净，笔触应自然流畅，随生长方向及梳理方向排线。

二、发尾

发尾方向明确，纹理清晰，层次丰富，提笔干净。

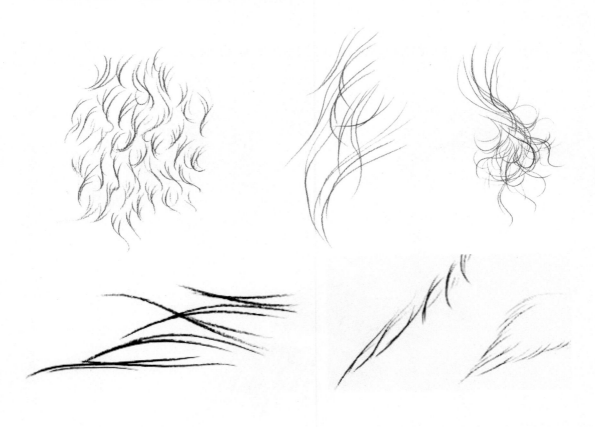

3.5 晚装盘发、扎发发型

晚装发型主要是将头发束于头上，在后面或下面固定。特别要注意发际的画法，并且发丝的走向从不同的角度看就会有所不同。

对于细微变化的发丝，要一根一根地由浅入深依次刻画，加深头发的色度，确定整体轮廓。

晚装盘发主要是以面、体凸显其立体感、空间感、重量感，给人高贵、典雅、含蓄的感觉。

五股辫－九股辫　　　圆辫　　　四股辫

3.6 脸形与发型设计

一款发型的好坏不仅在于追随时尚潮流，而且在于是否适合被设计者。到底什么发型适合他，主要应根据脸形来判断。发型设计要与脸形搭配，下面将展示几种脸形最适合的刘海范例。

一、倒三角形脸形

倒三角形脸形适合选择侧分头缝的不对称发式，露出饱满的前额，发梢处可略微凌乱一些，这样能将年轻女性纯情、甜美、可爱等特点表现出来。

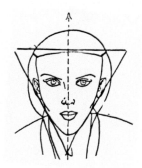

二、长脸形

长脸形的脸部较长，用齐刘海来修饰最好不过。削薄的长齐刘海可使脸形的长度缩短，下颚的蓬松发卷可让脸形更加圆润，从而使女孩的整体形象变得青春可爱。

三、椭圆形脸形

椭圆形脸形适合搭配很多种发型，无论头发长短，都可以利用发型突出颧骨、嘴唇或下巴的优点。

四、圆脸形

圆脸形应增加发顶的高度，使脸形稍稍拉长，给人以协调、自然的美感。要避免面颊两侧的头发隆起，否则会使颧骨部位显得更宽。宜侧分头发，梳理垂直向下的发型，直发的纵向线条可以在视觉上使圆脸的宽度变窄。

五、方脸形

方脸形要尽量避免过于平直或中分的发型，否则会让脸看起来更方。方脸形的发型设计技巧是要让顶部的头发蓬松，才能让脸显得长些，特别是往一边梳的刘海，能让前额变窄。在头发的长度方面，建议最好长过腮部。另外，侧分的头发一定要显得蓬松，让脸形更显柔和，减少方脸形带来的硬朗感。

六、菱形脸形

整个脸形的上半部为正三角形，下半部为倒三角形。用发型矫正这种脸形时，上半部可按正三角脸形的方法处理，下半部则按倒三角脸形的方法处理。一般将额上部的头发拉宽，将额下部的头发逐步紧缩，靠近颧骨处可设计一种大弯形的卷发或波浪式的发束，以遮盖其颧骨凸出的缺点。

CHAPTER 4

发型素描
——"标榜"四个基本型结合绘画技法

国际"标榜"将千变万化的发型解析出四种基本形式（固体、渐增、边沿、均等），建立了发型的结构元素，由不同元素之间的不同组合构成发型的内在结构。发型素描必须将外表的形态、纹理和内在的结构统一，不仅可以让人们感受发型，而且可以使设计师确立技术的可行性。发型素描也被称为结构素描，具有实用性。

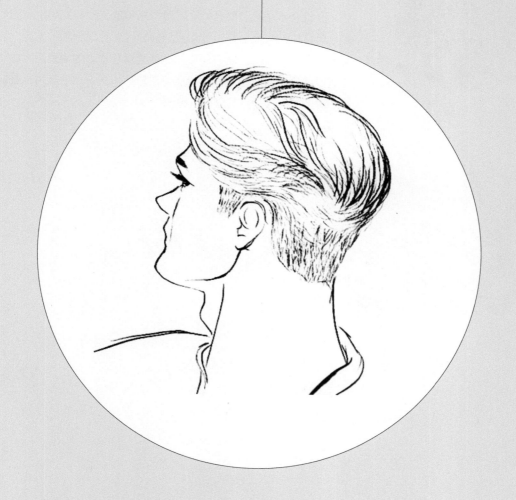

4.1 观察的三个水平结合法

作为发型设计师，要想设计出美观、实用的发型，在开始绘制发型设计素描之前，必须把部分从整体中分离出来，个别分析，最后回归原位，组成一个整体。为此，我们要像发型师那样去观察，去思考。

头发有无数种变化的形式，这包括形状、纹理、长度等方面的变化。那么在绘画过程中该怎样分析这些变化的可能性呢？这需要一套系统的方法——即把要观测的对象分成各个水平。

有了一套系统的分析方法之后，不同人之间就可以根据各自不同的看法进行研讨、分析，并开始绘画。因此，我们可以轻易地进行研究和分类，并快速地归纳好先后顺序及主次关系，然后进行快速速写。这里我们把观察过程分成三个水平：基本形、细节纹理和抽象结构。记住在观察过程中始终使用定性和定量分析的方法。

一、基本形

在这个水平上要做的是观察一下设计，并记下自己的视觉感受。在发型设计中就是看轮廓的形状。

二、细节纹理

在这个水平上，要开始注意每一区域的大小、比例、位置、方向，并分析具体的特征，其中包括发型的分区、头发梳理的方向，以及表面发丝纹理的走向与发尾的动势。在经过对基本形的观察后，在细节纹理上就可以分辨出纹理和颜色特点（定量分析）。然后就可以在画纸上快速准确地用线描法将其纹理表现出来。

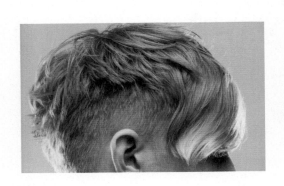

三、抽象结构

    此时，你已获得了前两个层次的信息，可以进行抽象观察了。其中包括观察图形中的长度变化、层次安排和分区定位。要做到这点，不仅要理解感观中的形象，而且要理解形象是怎样构成的（定性分析），以便于在绘制出此发型图后为别人解析。

4.2　固体型精剪技术结合法

　　发型素描另一技法可运用固体形的概述。头发长度是延续的，由外圈到内圈慢慢增加，所有的头发都落在同一水平位置，从而形成不间断的、静止的表面纹理。顶部头发随头部的曲线成形。在发型的底部，发重（指美发修剪的重量堆积）落在周界上，形成一个直角轮廓线。可以根据此特征绘制出有关固体形的所有发型图。

4.3　边沿型精剪技术结合法

边沿层次形的头发长度也是连续的，但是从内圈到外圈的长度是递减的。头发末梢看起来则是互相堆叠在一起，从而形成一种外圈是活动纹理、内圈则是静止纹理的混合效果。边沿层次形的发重在周界之上的形状是三角形。

4.4 均等型精剪技术结合法

均等层次的头发长度是一样的，没有明显的发重。头发沿头部曲线散开，形成活动纹理。均等层次的圆形发型是与头部曲线平行的。

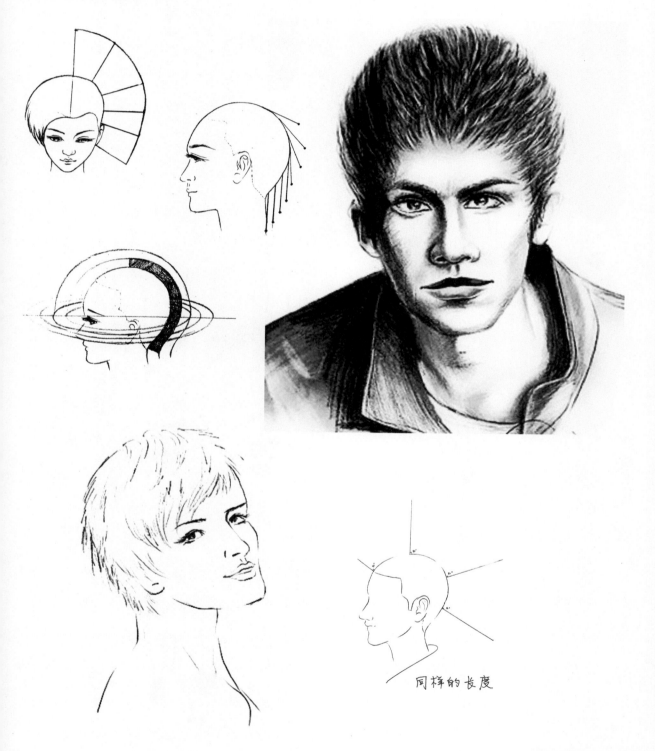

同样的长度

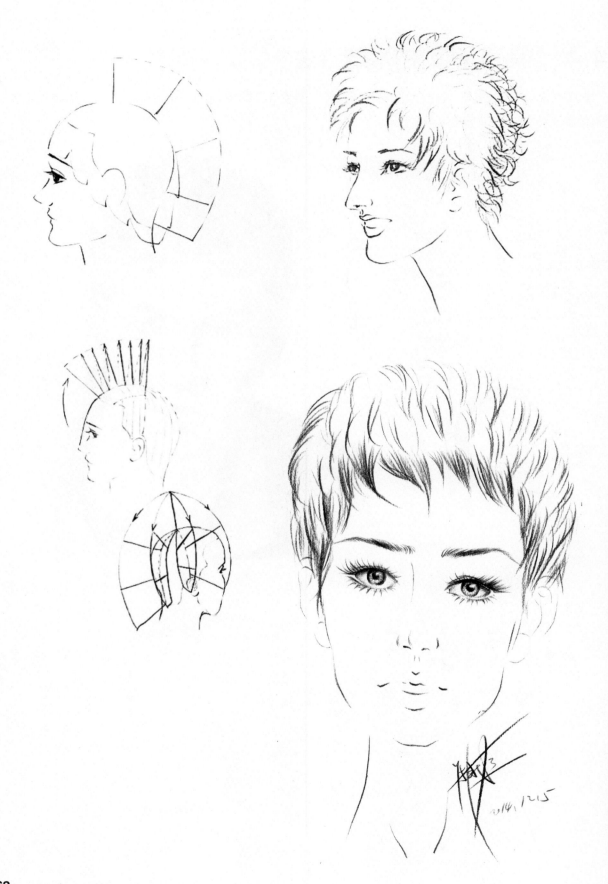

4.5 渐增型精剪技术结合法

　　渐增层次的头发长度是从内圈到外圈连续递增的，从而形成没有视觉发重的活动纹理。一般来说，渐增层次的形状是伸长的。

4.6 混合型技术结合法

混合型即由发型结构元素任意组合而成，可以塑造出千变万化的发型。

发型设计素描则要利用其发型结构元素之间的相互组合培养学生的造型能力、审美能力和创意思维能力。要想设计出丰富的发型，应懂得以下几点。

一、设计原则

（1）功能与审美的统一是发型设计的目的。

（2）TPO原则是发型设计的条件和依据［即造型要考虑到时间（Time）、地点（Place）和场合（Occasion）］。

（3）整、分、合原则是从人的整体形象出发，再确立设计构想和计划造型，然后回到整体中完善。

二、发型构成的表现方式

发型构成的表现方式有重复、渐变、对比、放射、纹理、交叉、穿透、疏密、突变、交错、重叠等。

三、发型是一种"有意味的形式"

"美学上最显著、最有特色的问题是形式美问题"，形式美法则包括变化与统一（即和谐）、对称均衡与不对称均衡、对比与调和、比例与尺度、节奏与韵律。形式美法则是发型设计师必须遵循的。

四、独立思维

学习发型设计素描应培养独立思维的能力，在过程中去寻求创意、发挥创意。

该发型运用了边沿与固体的混合，不对称平衡

该发型顶区运用了渐增层次，刘海区及整个后区均运用了边沿

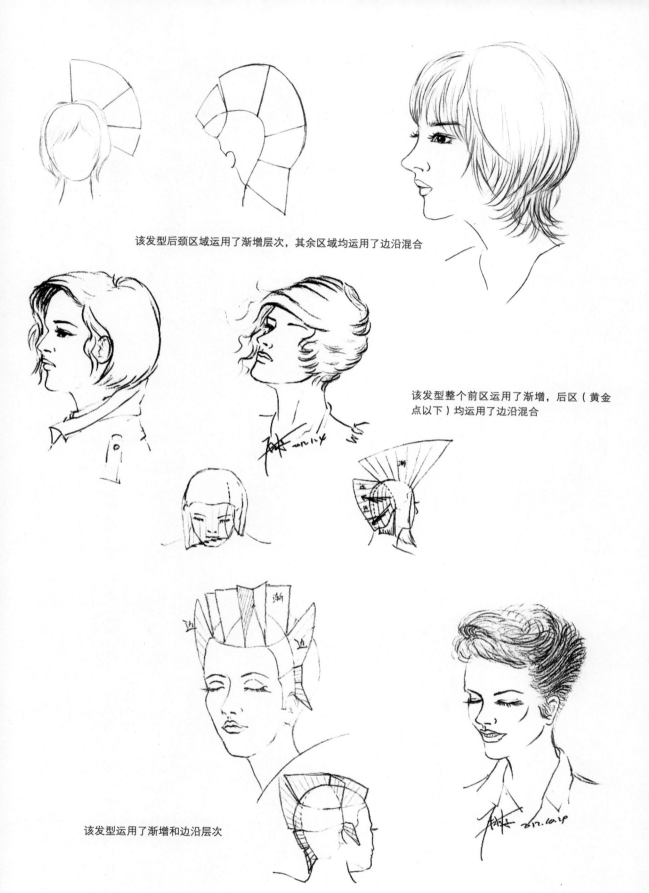

该发型后颈区域运用了渐增层次，其余区域均运用了边沿混合

该发型整个前区运用了渐增，后区（黄金点以下）均运用了边沿混合

该发型运用了渐增和边沿层次

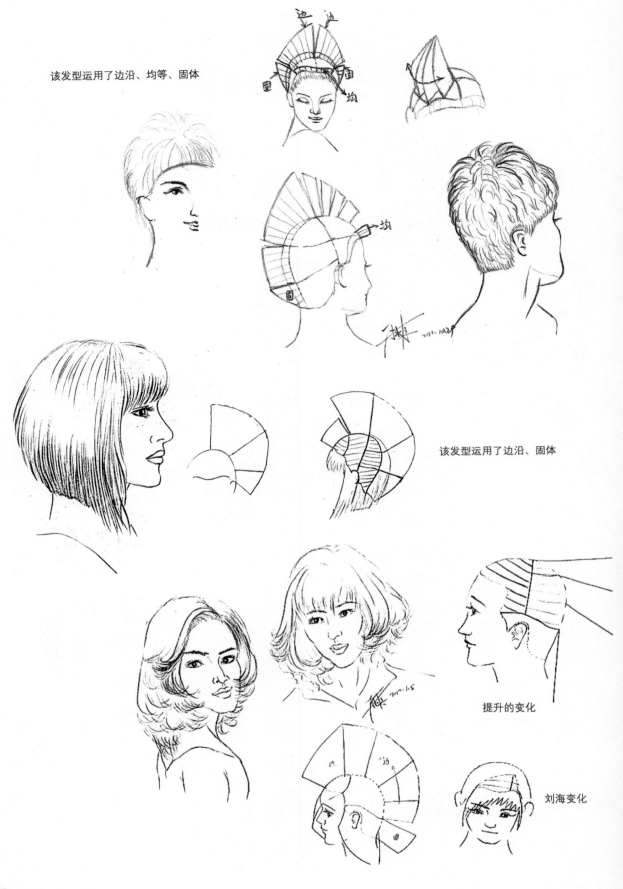

该发型运用了边沿、均等、固体

该发型运用了边沿、固体

提升的变化

刘海变化

CHAPTER 5

发型综合图解
示范教程

发型设计行业在近几年间有了天翻地覆的变化，传统的发型设计方式已经不能满足顾客的需求，我们必须要逐渐地转向具有个人独特性和科学性的设计。因为现在的人们追求集气质美与独特性于一体的造型，如果在发型设计前，脑海中没有正确的构思，只是凭经验完成发型设计，那么就很难创作一款具有生命力的发型作品。提笔描绘设计图有助于使发型设计师做到设计前心中有数，并将发型设计得更精确、更科学、更完善。

在各个设计领域，如服装设计、建筑设计、雕塑设计等，设计师在创作之前，提笔绘制设计稿是必要的一项工作，因为绘制设计图能帮助设计师获得更精准的信息、更绝妙的创意和更多的灵感。本章将根据可视的艺术形象表现形态外部与发型内部结构的关系，有实用性和审美性。每个案例都会从意象到具象将一个造型过程分解，并结合发型体现绘画基本技法。其中着重体现发型样式，以点、线、面三种元素表现不同的构成方式——对称、不对称、对比、渐近、重复、交替、和谐。

5.1 短发系

5.1.1 斜向前固体型

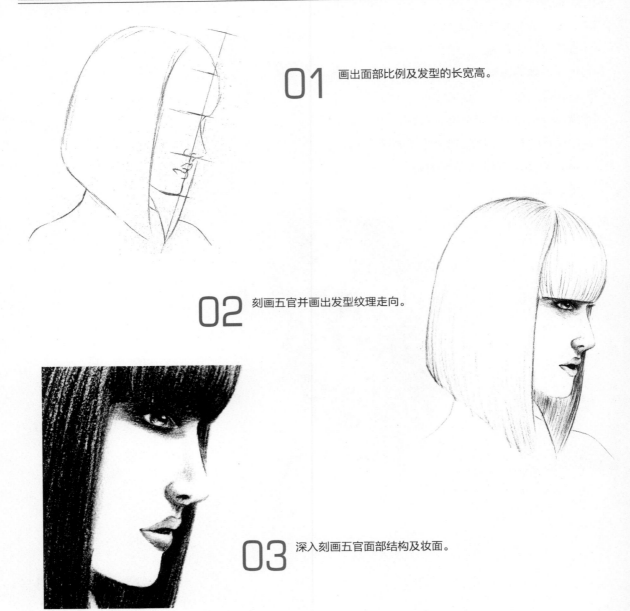

01 画出面部比例及发型的长宽高。

02 刻画五官并画出发型纹理走向。

03 深入刻画五官面部结构及妆面。

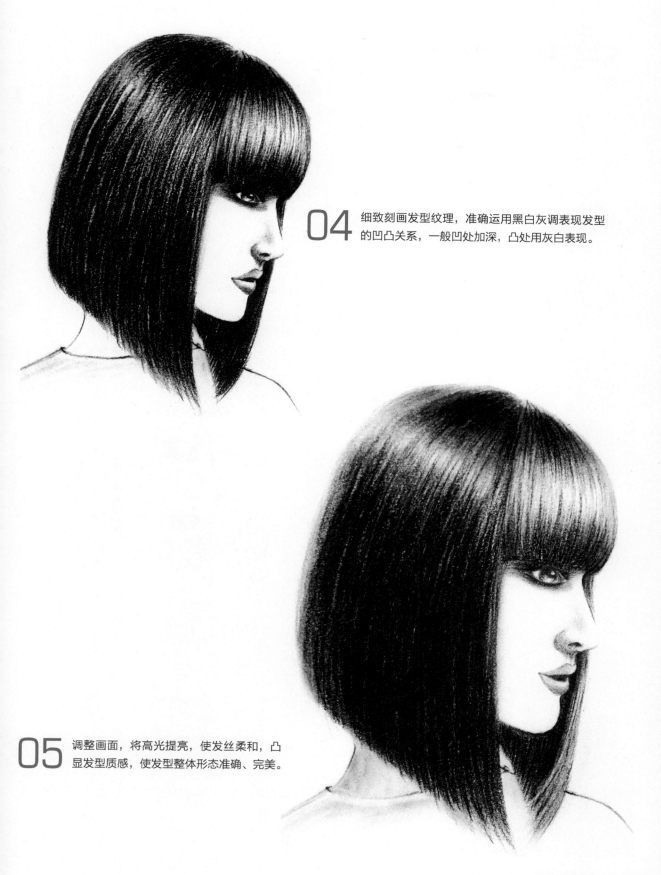

04 细致刻画发型纹理，准确运用黑白灰调表现发型的凹凸关系，一般凹处加深，凸处用灰白表现。

05 调整画面，将高光提亮，使发丝柔和，凸显发型质感，使发型整体形态准确、完美。

01 画出五官比例及发型外围轮廓。

02 刻画五官，确定发型及发丝的纹理走向。

03 强调发际线、发尾及发丝的纹理走向，再对整体做衔接。

04 深入刻画发丝，加强明暗对比，用橡皮擦表现有动势的发尾及表面发丝。

05 精细调整画面，使人物有近实远虚的效果，可用纸巾擦出发型外轮廓。

01 画出脸部五官。

02 画出发型外围轮廓,用柔和的曲线表现主要发丝纹理。

03 画出脸部立体关系及颈部暗影,画出刘海发辫的纹理(严格按照发辫编织的纹理走向,以便表现出真实、立体、审美感较强的视觉关系)。

04 丰富头发的卷曲纹理。

05 绘画时运用连贯的S形线条排列，以近实远虚的方式处理整体画面，用橡皮擦提亮受光区。

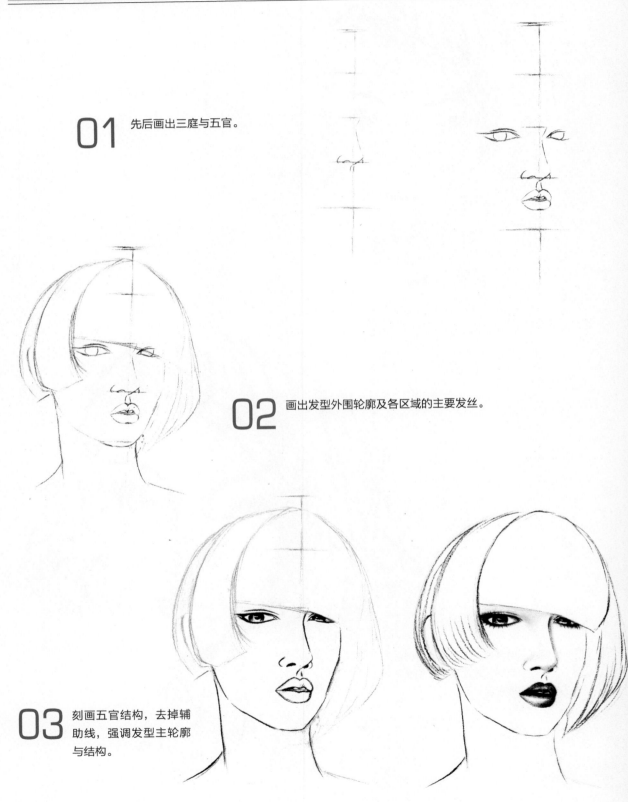

01 先后画出三庭与五官。

02 画出发型外围轮廓及各区域的主要发丝。

03 刻画五官结构，去掉辅助线，强调发型主轮廓与结构。

04 按照固体型和边沿层次型的特征排列线条（注意发型堆积）。

05 用手指均匀涂抹发丝的纹理走向，用橡皮擦提亮高光，体现发丝动势，将画面整体调整和谐。

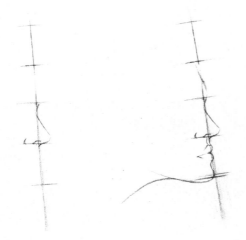

01 先画出三庭与五官。

02 画出发型外围轮廓。

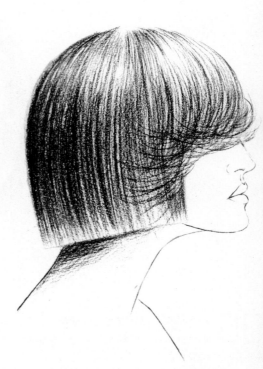

03 去掉辅助线，画出暗部发丝并衔接颈部阴影。

04 加强黑白灰调，使线条流畅，疏密度一致，在高光处自然留白。

05 刻画五官，丰富线条并做整体衔接。

06 加强动势，刻画发丝暗调，柔和画面质感。

07 用橡皮擦提亮高光部位（按头发的梳理方向擦）。

08 做仿真处理，在发型外轮廓及表面用尖细的画笔排出自然凌乱的单线，再加以调整。

01 画出脸部结构及发型外围轮廓。

02 同时按照头发的生长方向和梳理方向在内圈运用短线条画出发型纹理，在外圈运用点画法体现发尾活动纹理。

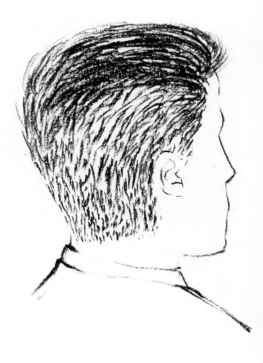

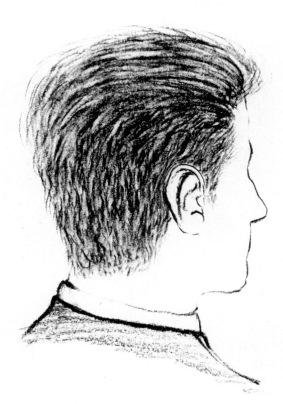

03 丰富线条，使发型饱满，最后调整整体画面。

01 画出面部结构。

02 画出发型外围轮廓及发丝动势。

03 刻画五官，用阴影衔接颈部。

04 表现妆面，完善面部和颈部的暗影。

05 刻画发型表面纹理及发丝动势，强调发尾流向。分区方向要自然，并控制好明暗关系。

06 处理灰色，使黑白调柔和融洽。

07 用橡皮擦按动势及梳理方向提亮高光部分。

08 做仿真处理，强调近实远虚。

09 完成。

01 画出五官、发型外围轮廓和动姿。

02 刻画五官，从暗部着手体现面部和颈部的立体关系，表现发尾动势。

03 细致表现面部结构及明暗调，用线条排列背景色，这样可以凸显白色发色，加强对比。

04 模糊背景色调，用橡皮擦提亮高光部分。

05 调整整体画面并做仿真处理。

5.1.9 短发混合型（三）

01 画出五官、发型外围轮廓和动势。

02 画出五官立体结构和发型明暗关系，衔接面部、颈部与服装的阴影。

03 按头发梳理方向排列线条，加深暗部，使发尾轻盈，柔和画面，沿模特外轮廓画背景色，并将其模糊虚化。

04 提亮高光，对整体画面做近实远虚处理。

5.1.10 短发外翻边沿

01 画出人物五官及面部结构，画出发型外围轮廓及主要发丝纹理、动势。

02 刻画五官并画出妆面，按照头发自然生长的方向刻画发际线，按造型头发梳理方向排列发尾动势。

03 设立光源，按照光影原理将面部、颈部、身体各部位与头发之间的阴影衔接，加强明暗对比关系，强调发尾纹理。

04 柔和五官（用手指涂抹），用橡皮擦提亮，画出渐变的灰色背景，用来衬托发型。

05 调整画面，完成。

01 画出面部结构与发型外围轮廓。可以加上配饰与服装。

02 去掉辅助线，刻画发型暗部。

03 刻画五官，附带整体妆容。表现发型厚重的质感，将线条排列得紧密且流畅，加深暗部，使发尾自然。画出衔接脸部与颈部的阴影。

04 画出服装褶皱纹理，一般先用蘸了碳粉的纸巾在有褶皱的地方大面积涂抹一遍，再用橡皮擦轻轻擦拭，并对整体衔接。

05 调整画面。

5.2 长发系

5.2.1 直发渐增层次型

01 画出三庭五眼的比例。

02 画出发型最高点、最低点和左右两边的轮廓，并简单描绘出主要纹理。

03 刻画五官并附带妆容，衔接颈部阴影。

04 先从颈部和耳后开始画出发丝（均为暗部），绘画时严格按照渐增层次型上短下长的特点提笔，使发尾流向清晰自然，提笔方向可按造型感觉走。

05 按照生长方向画发际线及分界线，发丝流向要自然、流畅。

06 画出整款发型的内部纹理，流向要清晰，提笔要干净。

07 处理灰色，使黑白对比太强的发丝变得柔和。

08 调整画面，完成。

5.2.2 长发低层次渐增混合型

01 画出三庭五眼比例、头部轮廓和发型外观。

02 刻画五官结构和妆面。

03 按照头发的生长方向和梳理方向画出发际线及分界线。

04 画出发型的主要纹理及明暗关系。

05 按照曲线中 O 形卷的画法完成整个发型。

06 发型要衔接与脸部、颈部阴影。

07 处理虚实关系并做最后的调整即可。

01 画出三庭位置，画出侧脸五官位置、发型外观结构和主要发丝动势。

02 画出五官细部结构及妆面效果。

03 从顶部开始画出刘海区域的头发，在额部饱满处提亮。

04 顺着顶部画出流向各个区域的发丝并体现出动势，线条要流畅，提笔要干净柔和。

05 丰富线条，处理灰色并增强明暗对比。

06 处理衔接脸部和颈部的阴影，柔和画面，用橡皮擦提亮，处理近实远虚关系。最后的虚化可用纸巾擦出。

5.2.4 长发创意混合型

01 画出面部结构、五官位置及各区域发型外围轮廓。

02 刻画五官，准确表现各区域发型特征。

03 增强面部结构特征及妆容表现，丰富线条，做整体衔接。

04 整体调整，处理近实远虚关系。

01 画出面部结构与发型外观，表现主要发丝动势。

02 画出五官细部结构与妆面效果，衔接各部位阴影关系，丰富线条。

03 增强发丝动势及纹理，用灰色处理并用橡皮擦提亮。

04 柔和画面，画出深色背景，以凸显发型结构轮廓，整体调整画面的近实远虚关系。

5.3 晚装盘发、扎发

5.3.1 三股双加辫造型

01 画出头背部大小、发型外围轮廓和长度。

02 画出三股双加辫的交叉纹理。

03 画出加入辫子的头发纹理，清晰表现纹理走向，每股发束交叉都有明暗变化（聚拢的地方为暗部）。

04 按照编辫的纹理和走向画完整个发辫的明暗关系。

05 绘制背部阴影，可在发型内外轮廓处画少许凌乱的细柔线条，使整个画面自然逼真。

06 处理虚实关系，调整画面。

5.3.2 两股辫造型（鱼骨辫）

01 画出面部比例及头部位置，画出发型外围轮廓和发丝的主要纹理走向。

02 去掉辅助线，画出五官及整体姿态，表现头发的纹理分布与流向。

03 沿纹理分布画出两股辫的明暗调子及形态（注意凹凸关系）。

04 丰富线条，表现整款发型的明暗关系，绘制身体各部位的阴影。

05 用尖细的笔于头发表面勾画少许自然凌乱的发丝，并用橡皮擦表现发尾动势，最后整体调整画面。

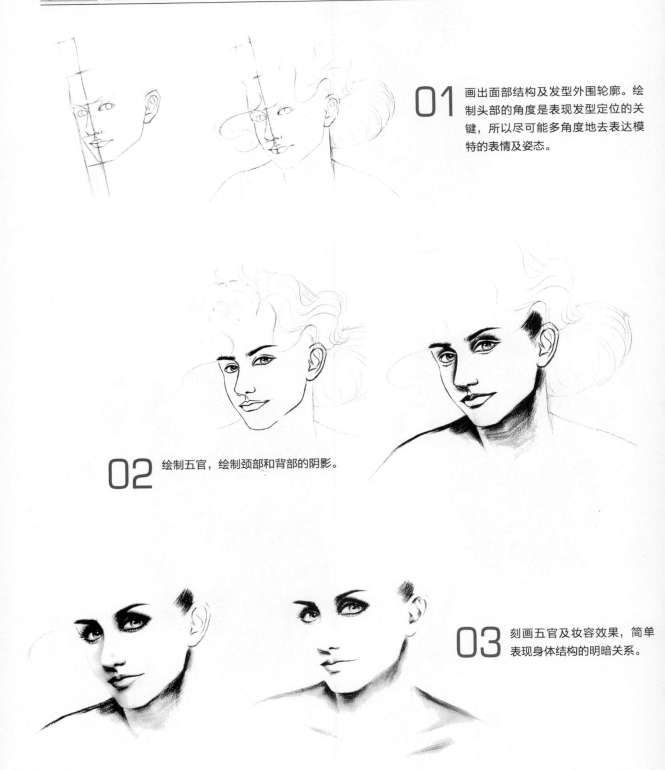

01 画出面部结构及发型外围轮廓。绘制头部的角度是表现发型定位的关键，所以尽可能多角度地去表达模特的表情及姿态。

02 绘制五官，绘制颈部和背部的阴影。

03 刻画五官及妆容效果，简单表现身体结构的明暗关系。

04 准确刻画发际线及分界线的发丝流向（一般都按照头发的生长方向与梳理方向绘制），明暗调子按照凹深凸浅、密黑疏白的方式排列线条。

05 画出刘海波纹纹理，发丝有长有短，发尾可按理想部位随时提笔，该曲线为 S 形曲线，可由两个 C 形曲线组合而成。

06 按同样的方法画出左侧区波纹纹理的走向（正反 C 形组合），要体现波峰和波谷的明暗对比。

07 按照纹理走向丰富曲线线条并完成后颈区马尾造型（饱满的地方为受光区，凹陷的地方为暗调）。

08 调整整体画面质感及发型的形态。

5.3.4 卷发新娘造型

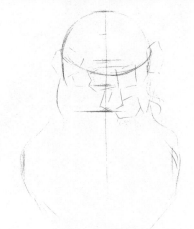

02 画出戴在头部的花饰。

01 画出头部比例及发型外围轮廓。

04 从头部顶点画出放射形的纹理走向并延续到花饰佩戴的地方，要保留受光的光圈。

03 画出发丝的纹理走向（按照电卷方向排列 S、C、O 形的曲线）。

05 沿饰品外轮廓逐一排列深色发丝，注意纹理走向。饰物挤压头发会产生阴影和密度的变化。

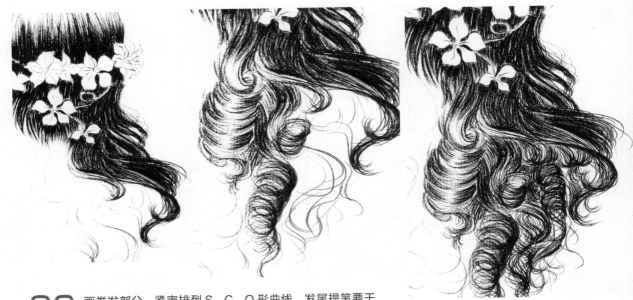

06 画卷发部分，紧密排列 S、C、O 形曲线，发尾提笔要干净柔和。有靠拢和挤压的地方均加深线条调子，且保持连续的黑白对比。

07 按相同的方法完成另一边的卷曲发束。

08 不断丰富曲线，使之紧密连接，提亮花饰，处理近实远虚的效果。

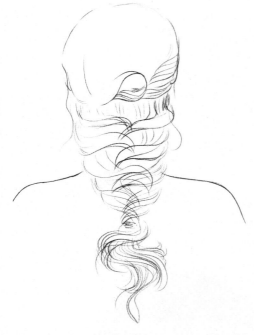

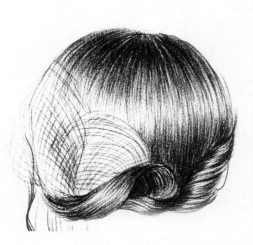

02 留出配饰位置,从顶部画出头发的纹理流向,强调明暗关系。

01 画出头部轮廓及发型外观(韩式造型后区形状多为 V 形),着重表现头发的纹理和走向。

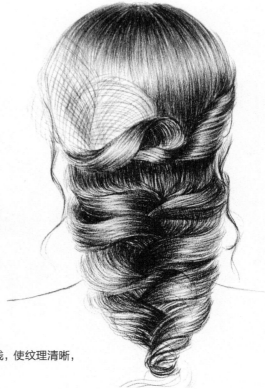

03 沿发卷摆放走向排线,使纹理清晰,加大明暗对比。

04 发尾处理按照卷曲 S 形纹理勾画，使发尾灵动、自然，并衔接背部阴影。

05 丰富发卷表面细部纹理并调整整体形态，最后用橡皮擦擦出网纱配饰纹理。

01 画出面部结构及发型外观形态。

02 刻画五官及妆面效果,表现主要发丝纹理及发尾动势。

03 画出马尾上方的卷曲纹理。该纹理并非由直发构成,描绘时可自由弯曲排线,往马尾根部聚拢即可。注意面与面的明暗对比。

04 沿蝴蝶结的弯曲方向画出发结形态，聚拢、挤压的地方为暗调。

05 画出自然卷曲的发尾，线条排列要紧凑，发尾要轻透，调整画面的近实远虚关系。

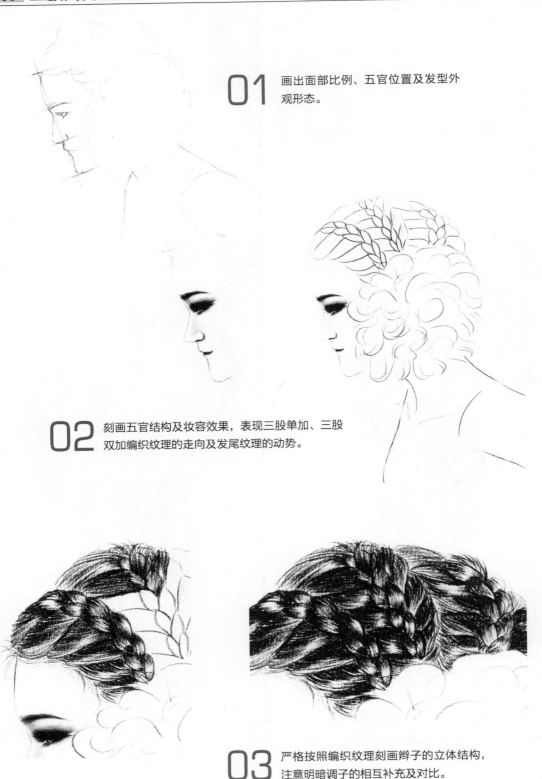

01 画出面部比例、五官位置及发型外观形态。

02 刻画五官结构及妆容效果，表现三股单加、三股双加编织纹理的走向及发尾纹理的动势。

03 严格按照编织纹理刻画辫子的立体结构，注意明暗调子的相互补充及对比。

04 发尾的处理可自由排成 C 形卷，向各个方向紧密排列，使整体发型柔和并衔接阴影。

05 用橡皮擦提亮高光位置并处理发尾的动势，将整体画面处理得近实远虚。

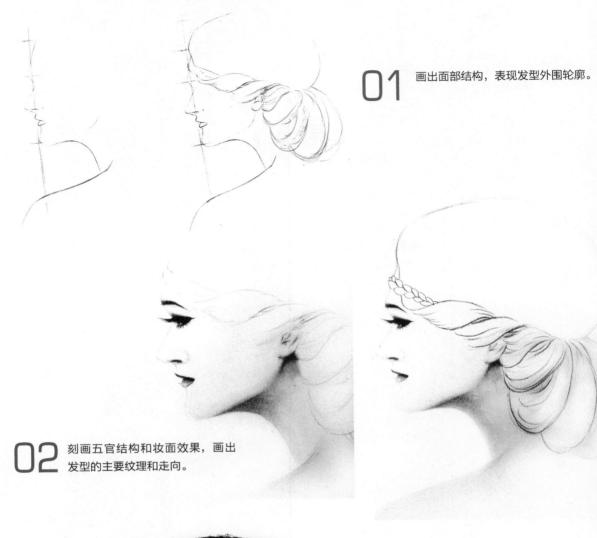

01 画出面部结构，表现发型外围轮廓。

02 刻画五官结构和妆面效果，画出
发型的主要纹理和走向。

03 画出内圈头发的纹理和走向，并
准确表现明暗关系，在头部最饱
满的地方留出光圈。

04 外圈是造型的核心，绘制时沿着拧绳方向勾画线条，线条要干净清晰，将聚拢的地方处理成暗调。（绘制发型素描前必须了解该款发型的制作过程和最终效果，这是效果图最终是否有生命力、有美感、有价值的关键。）

05 柔和画面，在造型表面和面部发际线周围勾画些许细柔的线条，可增加发型的真实度。最后处理近实远虚关系。

-014. 11. 25

01 画出头部结构与发型外观，表现主要发片的纹理和走向。

02 从刘海开始画出头发的纹理和走向。

03 画后颈区的滚卷包发，位于发际线处的头发根部要轻柔、不生硬。滚卷造型为锥形，可用明调体现饱满感。

04 画出顶区发包的纹理，要严格按照头发的梳理方向及发丝的自然放射形态描绘。注意发尾接口处的明暗立体关系。

05 丰富线条，柔和画面，用橡皮擦提亮高光位置，添加发际线处的自然碎发，最后整体调整画面。

5.3.10 交叠扎发造型

01 画出背部发型外观形态。

02 按交叠技法画出发片纹理。

03 画出发片交叉的纹理，明暗交替对比可体现清晰的纹理和走向。

04 逐一完成整款发型。

05 丰富线条，用橡皮擦提亮高光位置，调整画面，做仿真处理。

5.3.11 晚礼造型

01 绘制出面部结构与发型外观结构、纹理走势。

02 从暗部着手，先画出五官结构与发型主纹理（严格按照造型堆砌比例及发型纹理、走势排列线条），再以暗调衔接整体。

03 刻画五官立体关系与妆面效果，以对比原理处理背景的明暗调子，强调发型的几何形态，简单表现衣物立体结构，注意整体的协调性。

04 以擦画法柔和画面并加强对比关系，用橡皮擦提亮高光部位，体现发型立体结构。

05 调整画面质感、进一步处理虚实关系。

CHAPTER 6

烫染简易线描集锦

　　本章用简易线描体现了色彩在发型结构中
的作用，表现了造型设计与艺术审美的统一。
线描中贯穿了设计与构成的理念，表现了形态
外部与发型内部结构的关系。学习简易线描可
对形态、结构、技术、发质特征进行综合训练，
是通向设计的桥梁。

发型设计素描的目的在于研究发型创意，培养思维创作能力、表现能力、造型能力、审美能力、设计能力。同时，用于交流时比语言沟通来得更快、更明确，因为可将心灵所感受的正确地表现在画纸上，通过视觉效果表现设计基础，在极短的时间内借助绘画得到美感认同，确立发型设计方案、色彩搭配等造型重点。

懂得发型设计素描，将技术和艺术结合，就会涉及许多美发、化妆、造型的知识。发型设计素描可以表现简易发型轮廓，使人更容易理解造型过程。整个学习过程中除了多画，还要多看，观察单色素描与有色绘画的造型效果，总结其特色与区别，最终有效地形成自己的绘制风格。

CHAPTER 7

作品欣赏

本章强调了发型构成的表现方式：重复、渐变、对比、发射、纹理、交叉、穿透、疏密、突变、交错、重叠等，希望读者能将功能与审美统一于发型设计中。

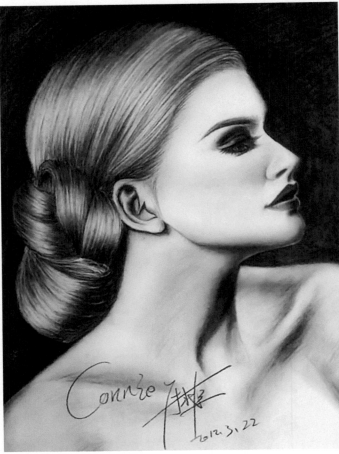